# 爸爸
## 也是今生
## 第一次

和孩子一起成长，
一起永葆童心

# 爸爸
# 也是今生
# 第一次

〔韩〕全希晟　绘著　　薛舟　译

山东文艺出版社

 前　言

　　好像世界上所有的孩子都差不多吧，我也是从小就把看漫画当作生活的全部和目标。不光是看，我还喜欢画，一天到晚，无论做什么，都与漫画相伴。曾经，我也梦想成为漫画家，只是没有梦想成真。也许正是因为这份发自心底的渴望，我总是喜欢乱涂乱画，信手涂鸦。

　　岁月如梭，不知不觉间我已经到了三十过半的年纪。其间，按部就班地，遇见相爱的人，步入婚姻，成为两个孩子的爸爸。生活稀松平常，日复一日。直到有一天，我忽然察觉，一直被我当成小孩的儿子长大了，这才意识到，和孩子们共度的时光是如此珍贵而不可复制。我都能预料到，在不远的将来我会多么怀念现在的每时每刻。

　　孩子们的成长真是日新月异。今天和昨天不同，甚至在同一天，下午和上午也会不同。孩子的一天，堪比大人的一年。我想长久地记住他们成长的过程，于是开始动笔画画。我不加掩饰地描绘孩子们琐碎的日常生活、我和妻子之间的小插曲、社会生活中的片刻感动，并且将其上传到SNS（Social Networking Services，社交网）。开始只是为了保留记忆，渐渐地，收获了很多评价，有人说有趣好玩。值得感激的是，那之后访问量逐渐增加，后来我又开始在NAVER网站（韩国最大的搜索引擎和门户网站）"妈咪宝贝"频道连载育儿漫画，并且获得了更多人的喜爱，最终迎来了出版的契机。

通过绘画记录下我和家人的故事，这本身就是既有意义又幸福的事情。虽说人生就是平淡的日常生活的循环往复，但是只要我们仔细观察，还是会发现层出不穷的新鲜事物，特别是养育孩子这件事，总是新奇不断。一时没有察觉的感动瞬间、永远不会忘记的反省时刻，我渴望记录下这样的点点滴滴。

我想写的是爸爸视角下的育儿故事，绝不同于妈妈的育儿日记。坦率地说，这很难。原以为我和孩子们朝夕相处，记录不难，可意外的是，其间几乎没有什么插曲、趣事。我醒悟到，要么是相守的时间不够多，要么是陪伴的时候不够专注。从那以后，我努力用更多的时间陪孩子，陪伴的时候也更加专注。当我埋头育儿之后，我对待收起自我、只是作为妈妈生活的妻子的态度也发生了变化。开始只是想实现小时候的梦想，保留住我和孩子们的回忆，慢慢地，育儿日记对我产生了更大的意义。

"育儿"，其实不仅仅是养育孩子，养育者也在不断成长。我想为那些在这个时代努力生活的爸爸喝彩。当然，世界上所有的妈妈更值得尊敬，掌声也一并送给她们。最后，我要把这部书的全部收益献给你们：健康成长的儿子、总是给我新鲜灵感的宝贝女儿、下辈子还要继续相爱的亲爱的妻子！

全希晟

2017年1月

# 01 另一个宇宙开启了

## 02 激动又泪目的第二个名字——"爸爸"

## 03 我和你一起成长

## (04) 我是99%的新手爸爸

## 05 就这样成了爸爸

## And 我依然梦想自由

# 人物介绍

## 爸爸

**现任设计师，赚钱养家的家长（37岁）**

| 负责 | 清洁、生活费 |
|---|---|
| 特长 | 倒垃圾、给孩子洗澡、陪玩赢家 |
| 兴趣 | 绘画、打游戏 |

## 妈妈

**前设计师，现任专业家庭主妇（34岁）**

| 负责 | 日常家务、育儿事务 |
|---|---|
| 特长 | 购物永不疲倦 |
| 兴趣 | 看电视 |

# 儿子

**1号机，专业调皮鬼（4岁）**

负责　调皮、闯祸

特长　捣蛋、给爸爸妈妈表演、
供2号机埋怨

兴趣　玩滑板

# 女儿

**2号机，破坏王（2岁）**

负责　撒娇

特长　模仿周围人的一举一动

兴趣　抖衣服、破坏1号机的全部

世界的中心正在发生转变。

如果不是你到来，

我这辈子可能都无法体会到

这种既陌生，又让人鼻子发酸的

人生转向的滋味。

# 01

# 另一个宇宙
# 开启了

## 盛大的开始，盛大的结束

即便不是命中注定，
也一定是天意使然的相遇。

每天每天
都幸福满满地相爱。

爱情结出
永恒的果实——婚姻。

如胶似漆的新婚期。

看似到了幸福终点站，其实生活这才刚刚开始。

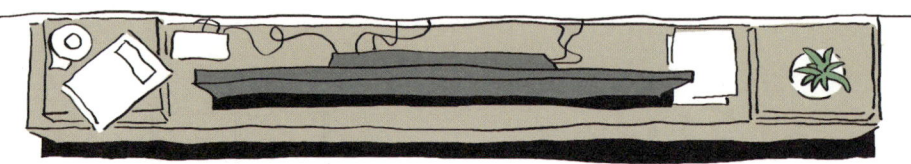

"我们能成为好父母吗？"

# 再成熟一点儿

或许是恋爱期太长的缘故，我们婚后并不是很像夫妻，倒是依然像恋人。婚礼过去一年了，周围人像约好了似的开始询问生育计划。那时候，我们还没有认真思考过孩子的问题，也没有讨论过；只是朦朦胧胧地意识到，有一天我们应该会有孩子。第一次感受到生育压力那天，我们像往常一样在沙发上坐着、躺着，开玩笑地讨论着做父母的问题。我们说了很多无关痛痒的话。我突然心生疑惑："我连好丈夫都算不上，能成为一个好爸爸吗？"我不想成为那种总是说"车到山前必有路"的父母……那天，我真真切切地明白了"人是被塑造的"这句话。

# 真的?

朝思暮想，终于等来了怀孕的消息。

兴奋，感动。

感觉肩膀一沉。

脚后跟酥麻阵阵，

腿上力气顿消，我瘫坐到了地上。

真的？

# 陌生的感情

在确定怀孕后回家的路上，

世界在多种意义上变得让人恐惧。

路上的一切似乎都很危险，

从今以后，

世界上最重要的似乎不再是我了。

这是我从未体会过的陌生的感情。

"往生从来没有过如此重要的事。"
"余生最重要的人出现了。"
两种想法同时产生。

好好看家～

# 想象只是想象而已

小时候，幼儿园组织郊游的时候，我无比羡慕那些有父母陪同的孩子。我的父母都是上班族，无论外出郊游，还是在暴雨突至的放学路上，我都是独自一人。也许是因为有这样的回忆，我下定决心，等我有了孩子，要让他一回家就能感受家人的温暖。妻子也理解并同意我的想法。妻子怀孕后自然地停止了工作，我的责任更重了，必须更加努力地工作。

可是，下班回到家感觉就是忙活家务的开始，难道这是只属于我的错觉吗？奇怪，我以前想象的画面可不是这样……

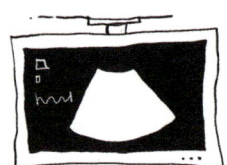

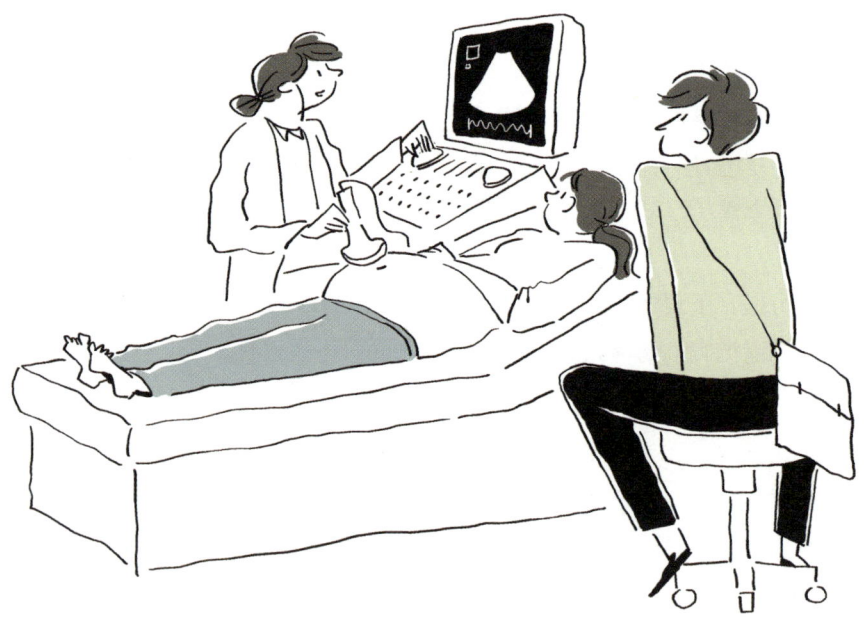

# 生命的声音

虽然不知道怎么回事，但我还是点了点头，低声"嗯"了一声。

看到我冷淡的表情，妻子向我抛来失望的眼神。

我意识到自己的反应不对，

连忙展示出高难度的演技，掩饰住自己落寞的心情。

不一会儿，我听到了心脏跳动的声音，清晰得像自己的心跳声。

我的鼻子酸酸的。

下意识地抬头，掩藏眼角的心情。

在确定你存在的价值时，耳听似乎比眼见更加真实强烈。

# 华而不实

我们终于也可以买这些东西了。
我们买了每次看到都心动不已的名牌童鞋。
这双鞋子很漂亮，很可爱，
只是太小了。等孩子学走路的时候，恐怕就穿不上了。

说不清楚是为谁而买，
"难穿又难脱，鞋子形状的新生儿袜子"。
简而言之，这就是传说中的

"华而不实"。

# 你想要的

听到喜欢的演员出演的电影上映了，
我们来到久违的电影院。
如果放在从前，我们会直接进入放映厅，
然而今天，我们却在售票口前讨论了很久。

意见分为两种：
妈妈开心，孩子也会开心，这不就行了吗？
让孩子看本不需要看的东西，会不会对孩子不好？

犹豫良久，最后妻子放弃了自己想看的电影，
走进她认为孩子会喜欢的"商店"，
买了很多东西，悄然离去。

# 胎梦

天空中传来阵阵轰鸣。
庞大的导弹朝我飞来。
我被导弹的尺寸和速度吓呆了，动弹不得。
我使劲蜷缩身体，感到导弹掠过头顶。
那颗导弹落在我背后
两座大型球状物之间，却没有爆炸。

我迷迷糊糊地从睡梦中醒来。
我确信你是个蓬勃而健康的孩子。

# 随便

还有哪个词语，
能这样毫不愧疚地折磨对方？
今天是酸，还是甜？
或者
是回忆的味道？

# 这是哪里？我是谁？

婴儿车的种类
多得像夜空里的星星。
我能活着离开这儿吗？

婴儿用品展销会

# 视角变化

遇到你之后，
看世界的眼光都变了。

# 希望会这样

肚子越来越大，妻子独自起身都变得困难。
搀扶妻子的时候，
我会假装松手。这样的恶作剧重复了几十次。
妻子伸手让我搀扶，
却又做好不摔倒的准备，这反而吓坏了我。
分娩之前，这是我们常玩的游戏，很有趣。

"将来，遥远的将来，
希望我们还能这样互相扶持，
笑着生活。"

# 那不是腹部的赘肉

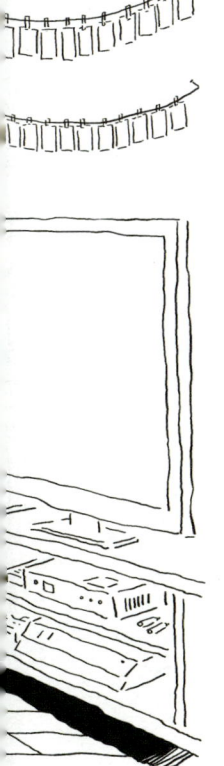

闲暇的周末，
望着妻子一天天膨胀的腹部，
想到明年这个时候，我们就是三口之家了，
不由得心头一颤。

"快出来吧，爸爸做你的专用软垫。"

# 最后的晚餐

预产期近在眼前，首先要做的就是
把优质的肉泡在美味的调料里。
我们都相信肉的力量。这是我们二人世界最后的晚餐。

11个小时，
支撑妻子度过漫长的阵痛和分娩的
果然是从不背叛的肉的力量，

以及即将与你相见的激动之情。

# 无痛分娩的威严

人生唯一的瞬间。

永不再现的宝贵时光。

因为发达的医学，得以留下回忆。

令人感激的时光。

第一张三口之家的全家福。

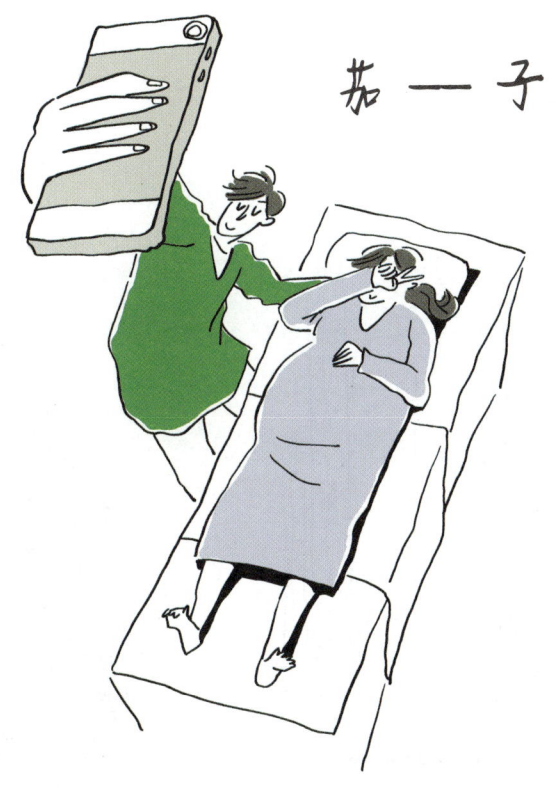

为一子

# 出生在愚人节的儿子

我们生了个孝子。

生下来就尽孝道的儿子。

出生那天星期一，

刚好可以把产假用完。

全家人得以顺利出院，

一起住进月子中心。


唯一的遗憾是，

长大之后，"今天是我的生日"会被当成谎言。


不过，还是很开心！

# 过不去的河

人生青春的句号。
懵懂男人在跨过终点线的同时，
也在为育儿这条漫漫长路剪彩！

开启新世界的日子。

竟然比想象中
难剪……

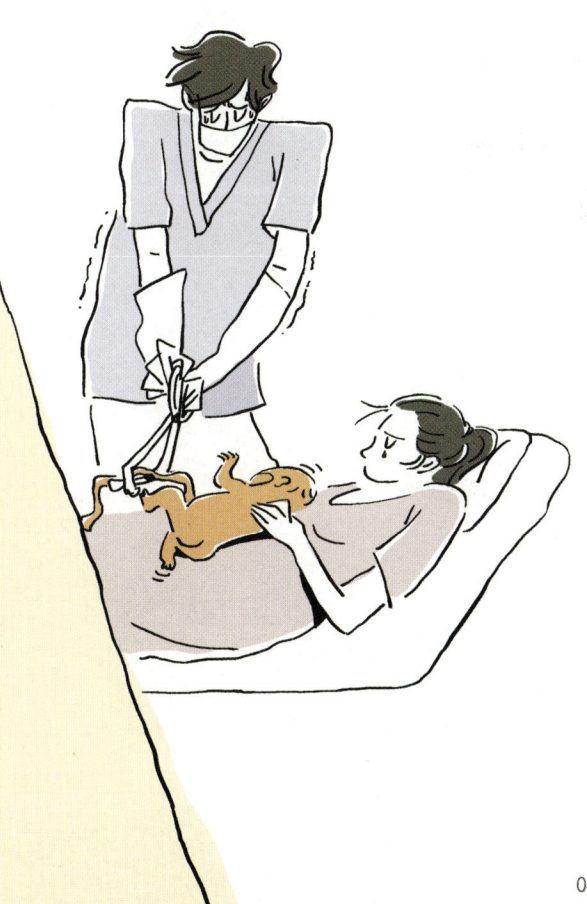

当他呼唤我的名字，

我就变成走向他的花朵吗？

当我有了生命中第二个名字，

我从此明白了自己存在的又一个理由。

# 02

# 激动又泪目的
# 第二个名字——"爸爸"

# 自我反省

"越来越漂亮了，照这个速度发展下去，
没多久就会长成元彬、郑雨盛了吧？"

我认真地思考着，
忽然看见自己映在玻璃上的面孔。
啊，是这样没错。

主见
................

恐惧，却很踏实。
尴尬，却很温暖。
胳膊轻松，心情却很沉重。
心疼，却又感激。

我是全世界最幸福的人，
可是总忍不住流泪。

# 世界之外

那天，
我们从月子中心回家。
从今往后，我们三个
要好好生活！

# 请给我一次机会

尽管我不会像妈妈抱得那么贴身，
明明没有肌肉却感觉硬邦邦的，
可我为了你，还特意准备了松软的腹部肉垫，
你总不至于哭成这个样子吧。

这是你给我的第一个委屈。

# 我是新手，
## 能不能不要按喇叭？

# 天亮了
.........................

一切都很生疏、困难，最难的还是要数哄睡。很多时候我都是睁着眼睛等待日出。在公司，我常常趴在桌子上睡觉，错过午饭，喝三四杯咖啡也抵挡不住困意，很难打起精神。

凌晨疲惫不堪的时候，望着初升的太阳，我常常发牢骚，但是今天很不一样。很高兴见到你，今天的太阳！谢谢你今天一如既往地、充满活力地升起。

五天四夜的海外出差近在眼前。

是不是当了一回出气筒……

# 对不起

从月子中心回家后，从来没有安心地睡过整觉。也许是因为差不多连续三周没能过上正常的生活吧。一旦睡着了，就像昏厥似的睡得昏天黑地。晕头转向地喂奶、哄睡、轻拍安抚，胳膊都没力气了。是不是我的能力还不足以为人父？深夜，看到你哭完之后睡着的样子，我的鼻子酸酸的。

对不起，谢谢你，我爱你。

# 物我一体

育儿像火坑，我生发出挣脱的强烈欲望。
因为吃力，所以我把注意力转移至简单的事情上。
很快就会结束的。所以，请你稍等。

# 梦乡，
## 月宫

注入汽油能量的大型摇篮。
最快又最有效的
进入梦乡的方法。

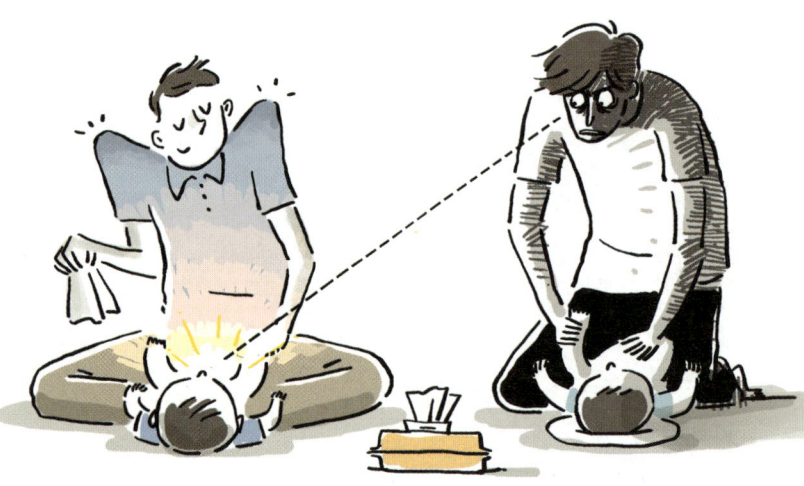

## 怎么会这样！

难道这也是某种金汤匙？

就算是为了我，
稍微坐会儿都不行吗？

# 拜托

我也是为了你才坐在公司里的！

# 咿呀学语

看见了吗？听到了吗？
是不是很像Dok2*?

* Dok2：韩国著名说唱歌手。——译者注

# 又过了一道坎

我想安慰自责的妻子，却又难以开口，
那些话都埋在了心里。
这些事每个人都要经历，都要克服，
何必要那么痛苦？

第一次感冒，第一次看儿科

# 这不是你的责任

# 业务交接

下班也像上班，只是换了个地方。
回到家里，妻子已经疲惫不堪。
想到从早到晚不停忙碌的妻子，
我的心隐隐作痛。

我仿佛看到了一个小时后的自己。

# 收藏夹里都是你

全球促销会上，我兴奋地塞满了购物车。想要的名牌鞋、带有苹果标志的电子产品、游戏机，因为价格低廉，想买什么就直接塞进购物车，总金额超过了一千万（韩元）！仅凭这一点，我的心情就无比愉悦。不过，真正结账的都是婴儿用品。我这油然而生的奇怪的满足感又是怎么回事呢？

# 吻痕

大腿上的脚印，
双肩的口水印，
抖落在上班路上的"爸爸"印章。

妈妈～

我不要吃——

呜呜——

爸爸～

# 那是我呀

有的孩子先叫"爸爸"……
短暂的失落过后，我对自己说没关系。
谢谢你先叫妈妈，
能够清楚地表达喜欢和不喜欢，这反倒是好事。
因为没有什么比好好吃饭更重要。

别人叫我"XX爸爸"的时候，
我还感觉是在叫别人，有点儿尴尬，
只有在你叫我"爸爸"的那一瞬间，
我才生发出自己真的当了爸爸的实感。

谢谢你呼唤我的第二个名字。

当你呼唤"妈妈""爸爸"的时候，
当你要求关上卫生间门的时候，
当你的好奇心和喜好越来越多的时候，
我在感到你瞬间长大的同时，
也看到了自己的成长。

# 03

# 我和你
## 一起成长

# 劳动节

第一次需要咬紧牙关。
什么时候长这么大了?

写下的是 "劝说"

# 劝说

渐渐地，孩子有主意了，我开始采用怀柔战术，
最好用的办法莫过于威胁。

写作"劝说"，
读作"威胁"。

# 你特有的方式

虽然我表扬你
学会了自己穿鞋……

为什么总是……

每次都穿反，
是有什么特别的理由吗？

# 等你长大再说

往这边走就好了。

当然也不是不去那边。

# 自我主张

有了自己喜欢的东西，经常和我发生冲突。
即使周末，也要让我上班。

也让我看看。
这可是我花钱买的电视。

# 金鱼池

# 一半是水，一半是鱼

没有深入，
只是小心翼翼地在入口处徘徊，
你就笑嘻嘻地睡着了。

藏好啦 —

# 反过来才行

"这样就看不见了吗？"

# 牟比乌斯带

今天比昨天多了一个问题
那就证明你又长大了一点儿。


"为什么生病？"
"为什么受伤？"
"为什么摔倒？"
"为什么踢足球？"
"为什么会变结实？"


"可是为什么会生病？"


孩子长大了，父母反而会感到某种失落。
我明白真正的原因了。

"爸爸！有两个咖宝！"

# 镜子

他表现出了第一人的潜质。
当然是说话拐弯抹角第一人。

我应该把钱放在镜子前，说用这些钱买咖宝。

# 读书

让我读书给他听，
好像是一起读书的意思。

"爸爸,儿童节是什么呀?"

# 开拓精神

长大了。

懂得另辟蹊径了。

可我们事先说好的规则也很重要啊。

# 发现新乐趣

你不是讨厌戴帽子吗？

这就是家里没有垃圾桶的原因。

你明明不喜欢戴帽子，
为什么要这样？！

# 慢一点儿

每天都无拘无束地玩滑梯，
今天却突然变得犹豫不决。

"爸爸，裤子脏了怎么办？"

看着滑梯，担心弄脏裤子，
这件事情我来替你做。

所以你不用担心，
至少现在还不用。

当然了！

"花儿好漂亮！
像妈妈一样漂亮！"

孝子

前不久还需要牵着手
才能勉强上下楼梯。
现在竟然帮我拿东西了。
感到欣慰的同时，也有些失落。

"可是这零食，本来就是你的呀……"

## 自己来，嚓嚓嚓

独自上厕所，嚓嚓嚓
独自穿衣服，嚓嚓嚓
独自洗脸，嚓嚓嚓
独自刷牙，嚓嚓嚓

欣慰又失落，日新月异的你呀

酸奶怪，零食怪
糖果怪，红薯怪
统统消灭再睡觉！

## 染发

"爸爸，鸟在你头上拉粑粑了！"

眺眸

不要用那种眼神看我。
毫无意义地搜索最低价。

再来一次
啊，好爽！

掌握新技能！

令人感动的"鼻涕"。

# 遗憾和满足的交叉点

擤鼻涕、说话，或者走路，里程碑式的
这些成长瞬间都有着特别的意义。
孩子坐在马桶上说：
"请帮我关上门。"
听到这句话，感觉和以往任何时候都不一样。
尽管每个人都有想要独处的时候，
然而对于四岁的孩子来说，隐私意识是不是来得太早了，真令人难过。

"爸爸，请帮我关上门——"

# 通过经验学习

吃过才知道。

"真理。"

意念

想象力是好东西。

## 肩膀脱臼的危险

不要随便炫耀
自己的本事，
否则会引火烧身。
每次听到部队老兵或公司前辈说这种话，
我都毫无灵魂地点头，今天却不得不反省了。

# 演技

有一段时间，每天上班前我都要艰难地和孩子告别，为此，免不了迟到。孩子哭哭啼啼缠着不放，每次我都很内疚，鼻子酸酸的。

周末我让妻子享受自由时光，怀着悲壮的心情主动提出一个人带娃。看到妈妈要出门，孩子像我要去上班时那样，抱着妈妈的腿哭得撕心裂肺。然而不一会儿，等听不到妈妈的脚步声了，他便立刻开始搭积木，仿佛从来没有哭过。

看到孩子这个样子，我竟然没有觉得孩子乖巧，反而有种遭到背叛的感觉，还有遗憾。这意味着孩子已经本能地懂得，怎样表达自己的感情才能不让爸爸妈妈失落。我再一次见证了你的成长。

## 那种感觉

儿子不知道"麻"这个词，
就用这个直观而新鲜的说法。
这种感觉说不出来也没关系，
我们决定把它叫作"一闪一闪"。

"爸爸！
我的腿一闪一闪的。"

生命的引力

在回家的车上，孩子一直盯着窗外，
突然抛出一句自信满满的话：

"月亮都跟到这里啦？"

# 我也像你一样

躺着蠕动手指和脚趾的你
自己挺起脖子，翻身
抓住椅子双脚站立，
不用别人帮忙跳起来的时候，
那种惊讶的感觉简直难以形容，
激动人心。

看似永恒的时间也会过去，
转眼你已经长这么大了。

你在成长，我也在成长。

和孩子赛跑，

我的求胜欲炽热如火，一定要赢。

和孩子拌嘴，

我也会真心生气。

我就是这样一个对孩子生气、不懂事的爸爸。

"我是99%的新手爸爸！"

# 我是
# 99%的新手爸爸

# 真的！真的？

朝思暮想等来的第一个孩子。
自己走向我们的第二个孩子。
常见的出生的秘密。
同样的单词，不同的感受。

"真的？"

真的！

真的？

啊 — 怎么办呢？

# 确认性别

1号机伤心怎么办？

2号机长大了要和我结婚怎么办？

啊……要是长得像我怎么办？

等妹妹长大点儿，再折腾吧……

# 果然不一样

又多了个艄公<sup>*</sup>。

---

<sub>*</sub> 此处化用韩国谚语"艄公多，船上山"，比喻人多嘴杂反而误事。

——译者注

# 慢点儿

都说孩子转眼就长大……

什么时候长这么大了？

慢点儿，再慢点儿。

我们要友好地面对困难

# 其实也不难

从加辅食开始，

真正的像大人一样了……

扎小辫不像想象
中那样简单……

# 第一次尝试

不管什么事，第一次都会感到害怕又兴奋。

在养育儿子的过程中，我以为经验积累得差不多了。

想不到女儿出生之后，我又经历了另一个不同的世界。

半是恐惧，半是兴奋。

# 说谎

只要看见吃的就喊饱了。

说谎

我还以为是真的呢

# 双赢

孩子们用热辣辣的目光注视着
那些睡得昏天黑地的爸爸。
也许是这个缘故，我短暂地打了个盹儿，
却做了个被人追赶的梦。

对不起，我应该陪你玩的。
可是，你就不能陪我休息会儿吗？

啊……

怎么了……

# 不好对付

种种烦心事让人疲惫，在这样的日子里，
下班回家，吃到妻子做的晚饭，
一天的压力就会得到缓解。
妻子也知道这样的时光很宝贵，
所以就打开电视让孩子们看。
1号机儿子乖乖就范，2号机女儿却不好对付。
真的是怎么都哄不好。

你好，你好
你的朋友咖宝～

# 你好呀

几十次变身

快出来吧，腰都弯了。

# 紧迫感

"女儿奴"爸爸必须要有小金库的理由。

将来可以用零花钱安抚女儿呀。

# 同伙

搭积木的时候，老大苦苦搭成的积木常常毁于老二的蛮横行径。老大冲妹妹大发雷霆，放声痛哭。每次我都对他说，重新搭就可以了。不知从什么时候开始，老大的精神变得强大了，对老二的拆除行动习以为常，还说重来就行了，甚至反过来教妹妹搭积木。

可是我的精神却没能变强。

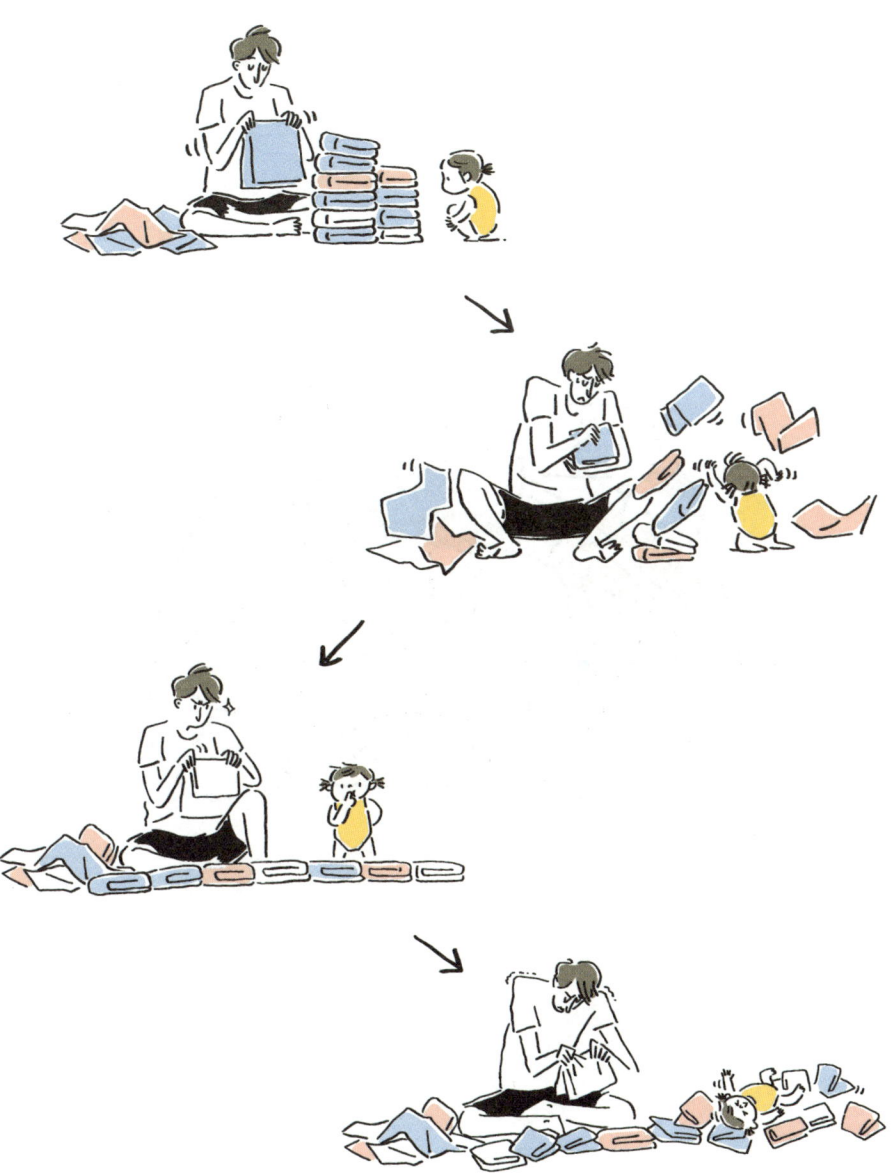

"爸爸，汽车在打嗝哟！"

我并不孤独，
这可真幸运。

# 幸运吗？

星期六上午，我和儿子去了文化中心。
忍受着前一天的宿醉，
开始另一种形式的上班。
能和这个时代努力履责的爸爸们一起，我很幸运。

星期六上午，酒气熏天的文化中心。

# 纯粹的传统

老大开始在外面学习。不论我是否愿意，孩子已经开始他的社会生活。
以后他会见识到更广阔的世界。不知为什么，我有点儿害怕，又有些担忧。
大概是因为，我知道他的人生不会像我期待的那样，
只有光明和希望。

尽管如此，我还是希望他尽可能长久地这样成长，
乐观、有趣，
一如从前。

这样吃
才美味——

"我的朋友！不要走—"

每次想把玩具擦干净送人时，他
就会这个样子。

# 乱摊子

一口气收拾干净好不好？
妈妈回来会吓到的。
她会一边催我们快快收拾，一边帮忙。
刚刚烘干的美甲，万一被刮花……
我们就完了。

一切都取决于心态。

# 冰激凌

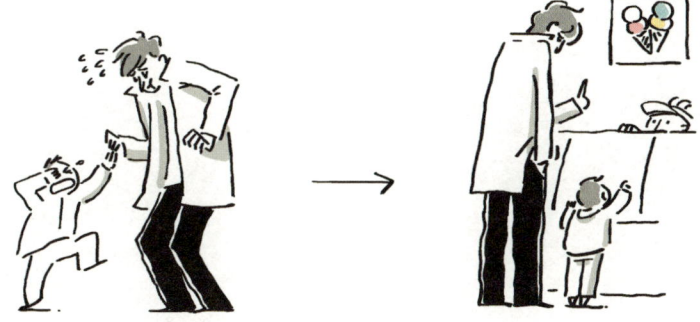

用杯子吃，不可以吗？

够到
公交车扶手了！

"我会像爸爸一样，
长得好高 —— 好高！"

# 如此用心

家里添人口当然是好事。

做事情还可以分组。

尽管没有人和我一组……

# 快递

比说我爱你
还强悍的表达方式。

除了爱,

可以付出的最深厚的情意。

圣诞老人就是我了吧！

"哇!
圣诞老人叔叔!"

# 逛超市

快给我，快给我。
情急之下，塞进嘴里就跑。
小嘴巴在蠕动，一路向前。

好辣，呸呸呸
好烫，呸呸呸
活该，嘿嘿嘿

# 社区门口的鱼缸

# 社区生鱼片店

"什么时候才能在生鱼片店里
再和和美美地喝杯酒呢？"

每次散步都要从这里经过。

"对你们来说，只是水族馆，
对我而言，却是梦想之地。"

# 寻宝游戏

手机藏到哪儿了？！！！！！！

等……等一等！！！

# 木头人

"我们玩木头人游戏好不好？"
她好像全然没听懂的样子。
怀着试试看的心理，我又说了一遍。

妈妈外出了。
老大在睡觉。

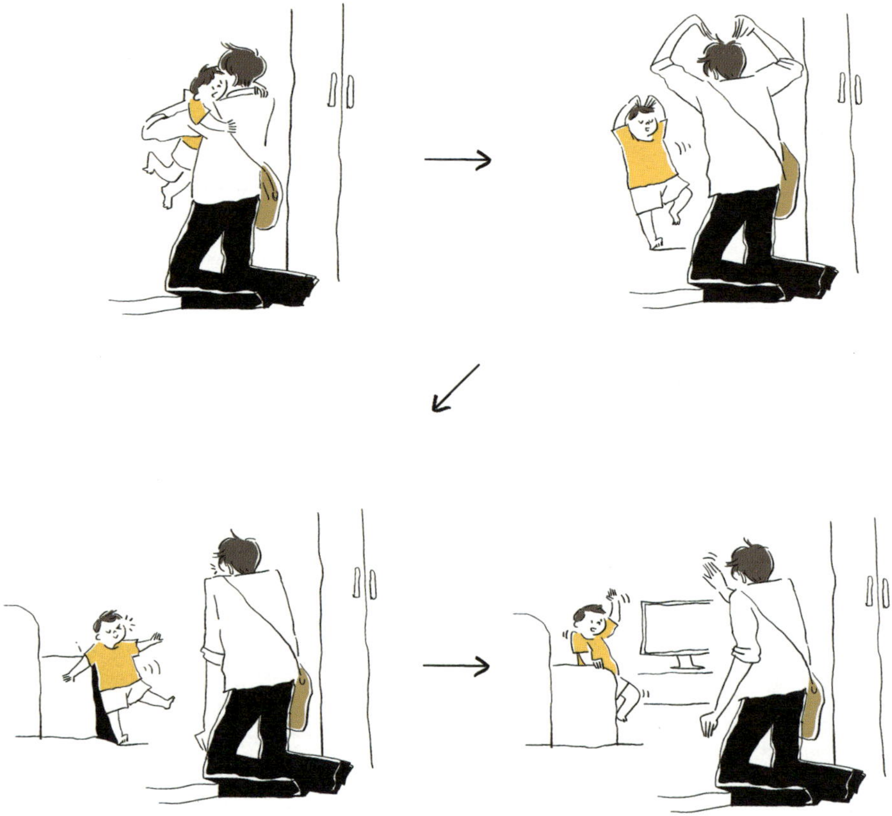

# 出人意料的走向

让两个孩子吃了早饭，帮老大做好去幼儿园的准备，然后
一边等候幼儿园班车，一边打开电视。很多时候都是这
样。原本是想帮一大早就忙碌的妻子减轻负担，谁知就在
不知不觉中，孩子们迷上了电视，连跟爸爸说再见，都心
不在焉的。拥抱、比心、亲吻的时候，眼睛还盯着电视。
看到他们这个样子，我觉得不太对劲，于是约法三章，以
后要等爸爸上班后才能打开电视。

这成了他们催我上班的理由。

# 矿泉水

我已经保证自己可以完成了，
可你为什么不能老实一会儿……

出来买矿泉水、牛奶和鸡蛋。

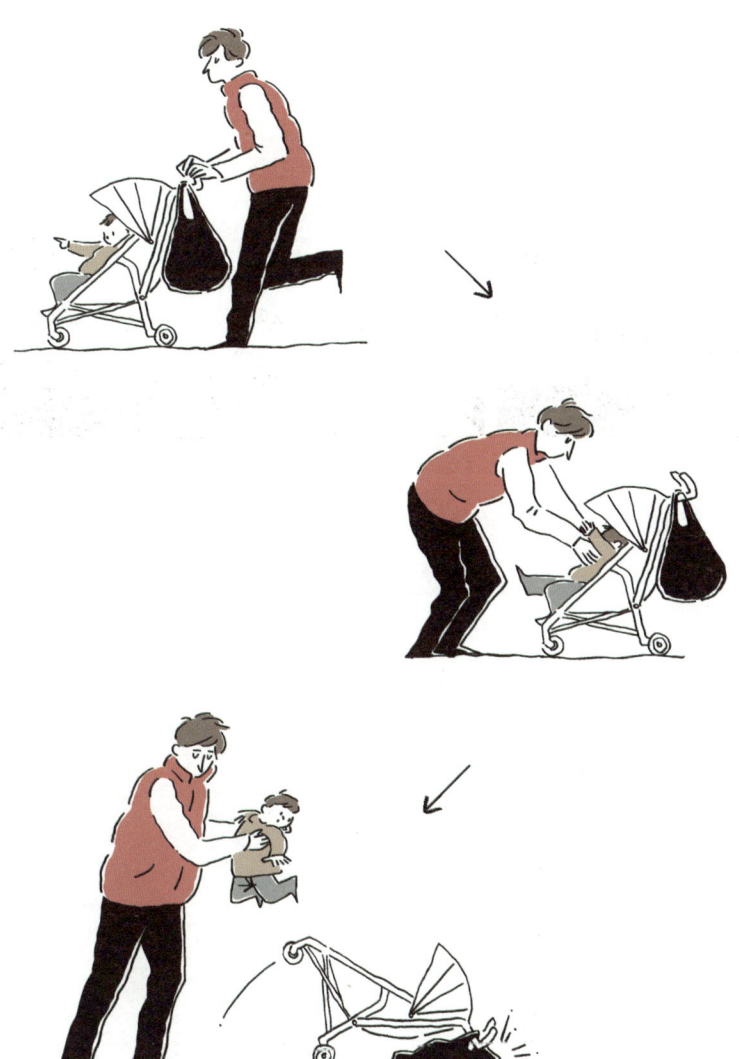

## 橘子&草莓

看来是喜欢剥皮的感觉。

草莓没有皮，真是谢天谢地……啊，不对。

那我也尝尝草莓的味道吧。

草莓是什么味道来着？

刚刚运动回来……

"爸爸，
以后我们不在一起生活了吗？"

"感动吧？"

"嗯，当然。"

# 突破临界点时的单刀直入

虽然我们家奉行餐桌上不谈其他的教育哲学，但是偶尔在外面就餐的时候，这个约定还是轻而易举地就被摧毁了。餐厅准备的儿童专用餐椅似乎带有不为大人所知的装置，能够给孩子助兴——坐在魔性餐椅上的孩子们兴奋得忘乎所以。

直到把手机递到孩子们手中，他们总算恢复了安静。这让我和妻子可以安心吃饭，不过最重要的，是为他人考虑。催促和教导注意力下降的孩子、千方百计劝他们吃饭的唠叨和不耐烦，有必要转移给愉快就餐的邻座吗？这是值得坚守的价值观吗？

自家孩子的教育固然重要，他人愉快而美味的就餐时间同样重要。我领会了在为人父之前根本无从知晓的现实和绝对不可能理解的事情。一刹那，我又明白了一个道理，那就是不能对自己未曾经历过的事轻易做出对与错的判断。

"对不起，对不起 —
　　　　你还好吧？"

# 同学会

我在整理房间，准备邀请通信录里各种各样的人，举行外星语音乐会。因为育儿而不能经常联系的人又因为育儿重新建立联系，这可真是讽刺。这算是真正的孝道吗？话又说回来，怎样解除锁定状态呢？

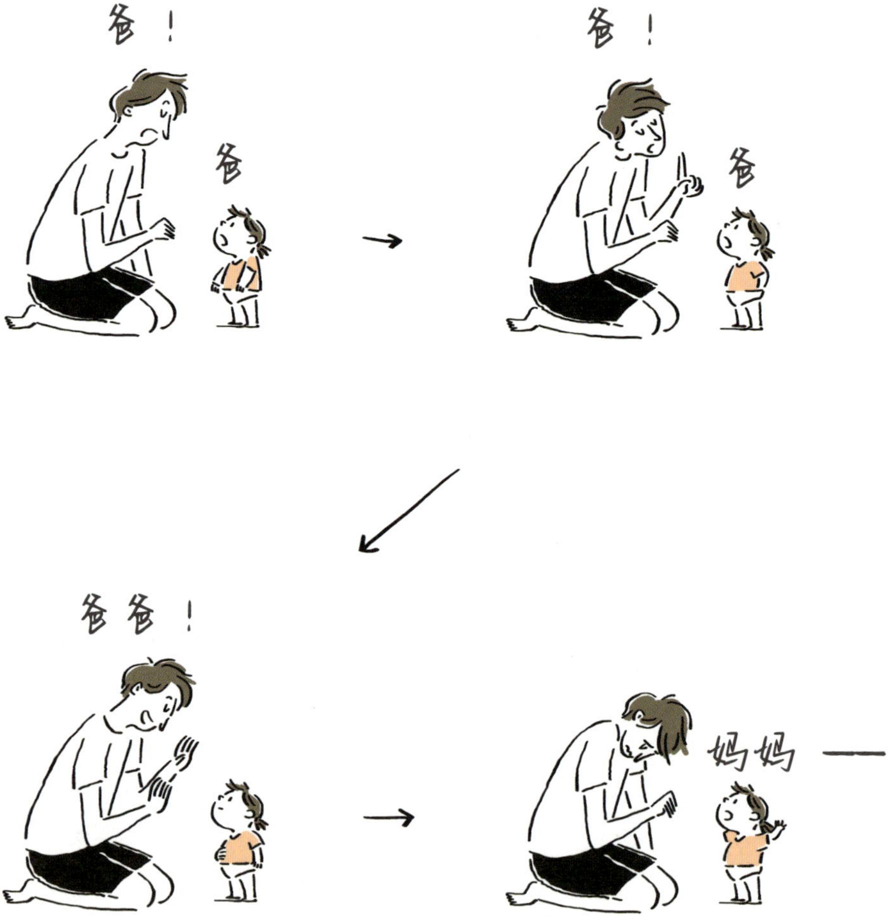

爸！

爸

→

爸！

爸

↓

爸爸！

→

妈妈 ——

# 执着的爸爸

事情发展到这个地步
我忍不住怀疑
她是不是故意捉弄我。

# 动物园

我们小坐一会儿，

看看过路人，怎么样？

# 闹铃

头疼的时候可以掐大腿，
同理，抓头发和戳眼睛
也可以让人轻松解除宿醉。

缓解宿醉，立竿见影！

# 夫妻吵架和机器人游戏

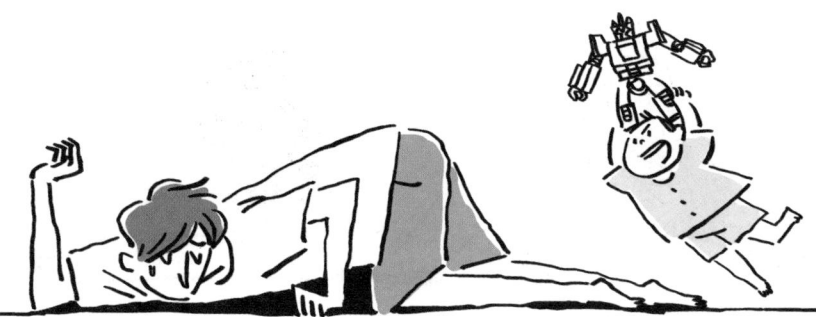

# 坏男人

只有我是坏人。

## 忍耐是苦涩的，上班是甜蜜的

最近1号机变得异常散漫，2号机又无条件地追随1号机，他们的联手使我每天早晨都要接受忍耐力的训练。见我总是看表，坐立不安的样子，妻子仿佛达到了超脱的境界。

# 吃个饭都能坐地成佛

# 王座游戏

身体向低，
心灵向高。

# 正点下班的日子

白天很长。好久没有正点下班了。吃晚饭的时候，儿子纠缠着要出去玩滑板。我平时除了上下班很少活动，想着顺便运动一下，就带着滑板出去了。儿子在运动场里跑来跑去，仿佛过了今天就玩不成了似的。看到他这个样子，我为自己没能经常陪他玩耍而内疚。

原本下定决心输给他，可是比赛开始后，胜负欲就汹涌而来。这究竟是从何而来的呢？看到儿子的几滴眼泪，我终于回过神来。跑得这么卖力，体重应该会减少吧。我这样安慰自己，回家喝了罐凉爽的啤酒。虽说今天好像比昨天更任性，可是不知为什么，我觉得自己更适应孩子的水准了。

我是99%的新手爸爸。

如果世上有什么事，

反反复复练习仍然不能熟练，

毫无疑问，那就是育儿。

尽管今天比昨天更艰难，

不过今天也比昨天更幸福。

所以今天我也要回家上班。

05

# 就这样
# 成了爸爸

# 下班

## 像是上班，却又不是上班的下班的我

像往常一样，我艰难地和孩子们告别，准备上班。

这时，我收到妻子的短信：

"跑那么急，摔倒了会伤得很重的。"

又没迟到，不知为什么，我要跑这么快。

像下班一样上班的清晨。

# 像是下班，却又不是下班的上班的我

难得按时下班一次，
奇怪的是，总感觉还有什么工作没做完，迈不动脚步。
难道是心情的缘故？

像上班一样下班的傍晚。

这个漂亮
那个也好漂亮。

# 购物

"就穿去年穿过的那双吧……"

下定决心去为自己购物，结果每次买回来的都是你们的东西。

催孩子快睡觉后……

又······

在看你们的照片。

模范爸爸

# 你们的糗事

竟然有人去滑雪场只玩雪橇。这是我成为其中一员之后才知道的事实。爸爸跟在后面，兴高采烈地为脸色苍白的孩子拍照。

卖掉自行车，
　　　　买相机。

# 没关系

"我的"越来越少，

"我们的"越来越多。

相机果然是消耗型装备吗？

# 心意比装备重要

我买了从前单身时想都不会想的昂贵相机。相机果然是消耗型装备吗？每张照片都是艺术品，没有哪张可以舍弃。虽然照片里没有我，不过我又听说照片的好坏取决于摄影师对模特爱意的多少，难怪一张都舍不得删掉呢。

“这次买两只。”

# 领悟

每到发工资的日子，父亲就会去市场买用锡纸包裹的炸鸡，偶尔也会带我去买。拿饭勺在蓝色葫芦瓢里给切块鸡肉抹上面糊，再一块一块地放入沸腾的油中。直到现在，进入沸油锅的鸡的姿态仍然会清晰地浮现在眼前。当时我不知道，为什么吃炸鸡之前要先吃饭。

琐碎的日常生活使我成熟。
当了父亲，才能理解父亲。

你也会像我一样。

走到
回望父亲的年纪

## 存在

我并不期待你长大以后对我尽孝。
你健康、微笑，
你和我一起玩儿，好好吃饭，
你不受伤，
这些都是你的孝道，已经足够多了。

有一天，即使没有我，
你也能好好度过你的人生。
有一天，我也会看到你独立的样子，
和你分开生活。
也许我并不能按自己想象的那样老去，
从而对你感到歉疚。

但是，你的存在
本身就是我梦寐以求的，所以你要健康长大。

你不能没有玩具对不对？
我也不能没有你呀……

希望你能拥有更美好的生活……

## 为了你的未来

这世界越来越难，我不知道你们会过上怎样的生活。
我只是希望你们生活的世界更加美好，
却不知道怎样去建造那样美好的世界。

也许这就是我能为你做的最大的事情。

"爸爸，
有个黑家伙总是跟着我哇！"

我也
希望如此

一辈子都不离开你——

# 雨伞

带上垃圾……

明明想的是
"带上雨伞"……

结束一天

今天又是暴风骤雨的一天。

# 寻找感动

虽然不能和妈妈相提并论，
可是爸爸在育儿过程中也会深深地感到苦恼和疲惫，
承受无法言说的心理压力，以及无数次地到达忍耐极限。

其间，
也会掠过宝贵的瞬间。

这些可都是让我续命的瞬间哪。

# 爸爸的运动背心

都说做了父母才能理解父母，
所以，能怨我吗？

难道，我是罪人……

让你永远面带微笑

# 避风港

今后的日子里，
不可避免
会存在困难和遗憾，
但是我会尽我所能
成为你的避风港。

## 你也要加油！

"爸爸，加油！"

# 生日快乐

你们的生日祝福比世上最昂贵的礼物还宝贵！

可是，今天真的是我的生日吗……

# 想说的话

有时很辛苦，也很疲惫，
只想快快回家，喝杯凉爽的啤酒。
门开了，扑面而来的
是孩子们的叽叽喳喳。每天都如此。
仿佛在说，"没事的，都会过去的"。

# 理想的家庭

从小我就梦想有这样的父母：
陪着孩子去寻找、去享受新鲜事物的爸爸，
只要和孩子在一起就笑得合不拢嘴的爸爸，
随时可以腾出肩膀给孩子遮风挡雨的爸爸，
默默在背后满面欣慰地注视着我们的妈妈。

# 人生的重量

你咬紧牙关的时候，我陪你一起承受。

## 回望

在问孩子为什么之前，
我觉得应该先问问自己"为什么会这样"，
于是我什么都没有说。
孩子天马行空的行为，
我小的时候都曾做过。

稍稍回望，就会多点儿理解。
不必问，不必回答，
我们也能更深地理解彼此。

# 加油

"爸爸，你累吗？"

1.

2.

"爸爸，你累啦！"

5.

6.

"喂，爸爸很累！"

3.

4.

"爸爸，加油！" "喂，爸爸会加油的！"

7.

fin

# 世界的中心

抱着你，拉着你的手，
感觉我们成了世界的中心。

# 岁月

我也是这样成为父亲的。

生命中的第二个名字——"爸爸"

固然很好，但是

偶尔我还是想只拥有第一个名字。

这就是我，100%标准男人！

And

我依然
梦想自由

我想"科学"地睡觉

# 科学

每天都腰酸背痛，早晨起床越来越难，
这是为什么呢？

我以为我睡在"席梦思"上……
也许我们家的"席梦思"就是我。

听说你来了。
那么多台阶，
我一口气跑上来……

# 上班的路

"我从地铁站出发了。"

因为一句广播和一行文字，
我一路狂奔，
早知如此，我就不等直接走好了。

早高峰的地铁车厢冰火两重天。

# 胡言乱语的盛宴

下午2时，
宁静的办公室里，瞌睡虫突然造访，
为了打起精神，我跑到楼顶小憩，
就这样和同样来透风的另一位已婚男展开了日常对话。

# 我随意

"老公，你随意。"
"老公，你想怎样就怎样。"
"老公，那要看你怎么想了。"
"老公，你看着办吧。"

其实都是同一个意思。

"我先回家吧。
你不用急着回了。"

# 恐惧

久违的夜班，天气恶劣。
电闪雷鸣，大雨瓢泼。
孤独一人，我却忍不住四下张望。
今天只能空手回家了……
好可怕。

结婚纪念日

我好像天生适合
值夜班……

# 夜班

回家上班，身体受苦，
去公司上班，心灵受苦，
在公司值夜班，身心俱伤。

# 有妇之夫的胜负欲

大家说说笑笑，

讨论谁当爸爸的时间更久，

不满一个月的朋友，

不满一年的朋友，

纷纷沉默。

一个朋友一边计算，一边说：
"我家最小的孩子四岁……"

# 真诚的经验之谈

"弟媳要去月子中心。"

"不要虚度时光……
说不定无拘无束的日子所剩无几。"

# 宿醉和实权

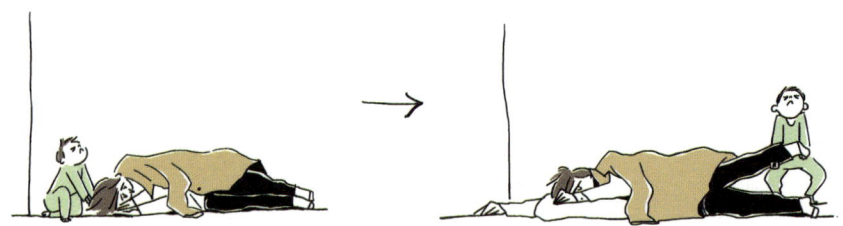

对社会生活中不可避免的酒场可以理解，

但是，对宿醉和疲劳从来都毫不手软。

快点儿把孩子哄睡，
然后看电影
玩游戏——

# 失败

期待着错过追更的电视剧和早已下载好的电影，以及付完款、完成设置的游戏，和孩子们一起躺到床上，我准备哄他们入睡。我背对着孩子们，把手机调暗。万事俱备，只需等他们入睡就行了。

"先看电影再玩游戏，还是先玩游戏再看电影呢？"
这是一天中最兴奋的时间，孩子们却不肯安静地躺下。此时此刻，我也要陪着他们翻来覆去。我假装打呼噜，1号机会把手放到我眼前，来确定我的眼睛合没合上。我迅速关掉手机，闭上眼睛。

就这样，天亮了。

我只是看看呀。

看看而已！

# 我要选择权

"这样应该可以吧？"一边自言自语，一边等我的眼睛看向别处时，趁机把两三瓶最大容量的饮料放进购物车。

哪怕是不合身份的鞋子，
也可以用"留给孩子"这个借口。

# 伟大的遗产

购买不符合身份的高价物品时，"留给孩子"这个借口根本没有说服力，只是自我合理化罢了。我觉得没有说服力，而对方认为妥当，自然对话就无法进行，两个人经常为此争吵。

有一天，在偶然发现一件"色彩高档，轻如绒毛，仿佛为我而存在的物品"之后，我顿时明白了，不要再争吵，我应该买一件属于自己的东西。虽然有些迟了，但总算领悟到人生的真理。

不过，等到信用卡透支的时候，一场战争又不可避免。

## 施与受

准备好下个周末的"诱饵"。

# 捉迷藏

可以玩中偷闲的游戏。

阅读、游戏、音乐、美剧、
思考、SNS、播客、电影……

# 下班的路

几天前存在手机里的电影，
朋友送的书，
年轻人之间流行的音乐，
开了头就想熬夜看完的美剧，
比新闻有趣的播客，
最先了解世界消息的SNS，
年轻时经常进行的思考。

按时下班好兴奋，先干点儿什么呢……
久违的自由时光，空位子很要命。

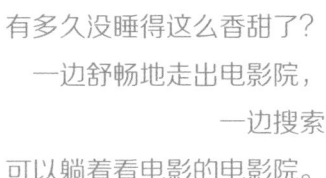

## 欲望无止境

有多久没睡得这么香甜了？
　一边舒畅地走出电影院，
　　　　一边搜索
可以躺着看电影的电影院。

Fantasy

# 幻想

朋友打来电话。年轻时几乎天天形影
不离的朋友，彼此都有了家庭，开始
养育孩子，渐渐没有了空闲，见个面
都很困难。他兴高采烈地说"妻子回
娘家了"，约我在以前常去的酒吧见
面，激动得不知所措。

朋友啊，对不起。
你的妻子回娘家了，
可是我的妻子还在家。

# 错误的科技发展

在很多方面，我都更喜欢从前。
到底为什么要发明这个东西？

浮潜服

梦
......

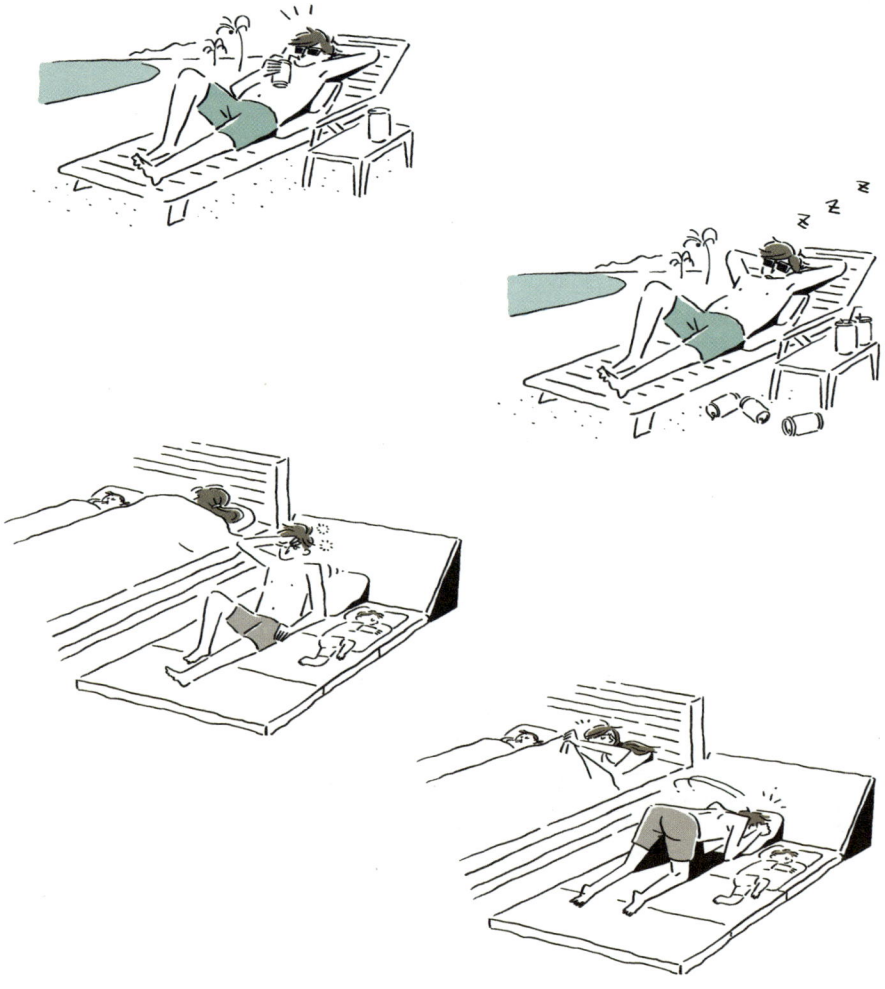

某个夏日深夜，从梦中醒来的丈夫在哭泣。

妻子看见了，觉得很奇怪，于是问道：


"你梦见参军了吗？"

"不是。"

"梦见生老三了吗？"

"不是，我做了个美梦。"

"那你为什么哭得这么伤心？"

丈夫擦了把眼泪，压低声音说道：

"因为这个梦永远不可能实现。"


我就是100％标准男人，

今天仍然在做着不可能实现的梦。

집으로 출근 by 전희성

Copyright © 2017 by Jeon Heesung
All rights reserved.
First Published in Korea by Health Chosun Co., Ltd.
Simplified Chinese Edition Copyright © 2022 by Shandong Publishing
House of Literature and Art Co., Ltd.
Published by arrangement with Health Chosun Co., Ltd. through
Shinwon Agency Co., Seoul and CA-LINK International LLC

著作权合同登记号　图字：15-2021-209

**图书在版编目（CIP）数据**

爸爸也是今生第一次 /（韩）全希晟绘著；薛舟译 . —济南：
山东文艺出版社，2022.3
ISBN 978-7-5329-6423-9

Ⅰ . ①爸… Ⅱ . ①全… ②薛… Ⅲ . ①婴幼儿—哺育—通俗读
物 Ⅳ . ① TS976.31-49

中国版本图书馆 CIP 数据核字 (2021) 第 152375 号

**爸爸也是今生第一次**

BABA YE SHI JINSHENG DI-YI CI

〔韩〕全希晟　绘著　　薛舟　译

------------------------------------------------

| | |
|---|---|
| **主管单位** | 山东出版传媒股份有限公司 |
| **出版发行** | 山东文艺出版社 |
| **社　　址** | 山东省济南市英雄山路 189 号 |
| **邮　　编** | 250002 |
| **网　　址** | www.sdwypress.com |

------------------------------------------------

| | |
|---|---|
| **读者服务** | 0531-82098776（总编室） |
| | 0531-82098775（市场营销部） |
| **电子邮箱** | sdwy@sdpress.com.cn |

------------------------------------------------

| | |
|---|---|
| **印　　刷** | 山东临沂新华印刷物流集团有限责任公司 |
| **开　　本** | 850 毫米 × 1320 毫米　　1/32 |
| **印　　张** | 10.25 |
| **字　　数** | 93 千 |
| **版　　次** | 2022 年 3 月第 1 版 |
| **印　　次** | 2022 年 3 月第 1 次印刷 |
| **书　　号** | ISBN 978-7-5329-6423-9 |
| **定　　价** | 78.00 元 |

------------------------------------------------

版权专有，侵权必究。如有图书质量问题，请与出版社联系调换。